www.ingramcontent.com/pod-product-compliance
Lightning Source LLC
Chambersburg PA
CBHW082246220526
45469CB00009B/2891
* 9 7 8 1 7 2 4 9 6 7 5 1 0 *